350 ejercicios
de sumas con llevadas
para 2º de Primaria

Tomo I

Proyecto Aristóteles

Copyright © 2014 Proyecto Aristóteles

Todos los derechos reservados.

Quedan prohibidos, dentro de los límites establecidos en la ley y bajo los apercibimientos legalmente previstos, la preproducción total o parcial de esta obra por cualquier medio o procedimiento, ya sea electrónico o mecánico, el tratamiento informático, el alquiler o cualquier otra forma de cesión de la obra sin la autorización previa y por escrito de los titulares del copyright.

ISBN: 1495440362
ISBN-13: 978-1495440366

A Raquel.

CONTENIDOS

Para comenzar   i

1   Ejercicios   1

PARA COMENZAR

El blasón del Proyecto Aristóteles es el proverbio *usus, magíster egregius* (la práctica es el mejor maestro). El dominio de cualquier disciplina, incluidas las matemáticas, sólo puede adquirirse a través del ejercicio variado y constante. Éste es el motivo por el cual presentamos nuestra serie especial de ejercicios para Segundo de Primaria. El presente volumen está dedicado a ejercitar el conocimiento de las sumas, la escritura de números, el redondeo a la decena y la centena, series de sumas, operaciones con incógnitas y cálculo mental rápido.

Suma.

```
  152        143        135        124
+ 125      + 131      + 155      + 134
-----      -----      -----      -----

  169        174        185        196
+ 165      + 153      + 142      + 171
-----      -----      -----      -----
```

Calcula y completa.

	12	9	22	7	30	15	33
+2	14						
+5							
+4							
+3							
+6							
+10							
+7							

Recuerda: Todos los números comprendidos entre **0** y 30 se escriben con una sola palabra.

once   +2   _____   +2   _____

trece   +3   _____   +3   _____

diez   +2   _____   +2   _____

Cálculo mental.

150 + 10 =

143 + 10 =

166 + 10 =

173 + 10 =

141 + 10 =

125 + 5 =

136 + 5 =

141 + 5 =

173 + 5 =

155 + 5 =

Calcula.

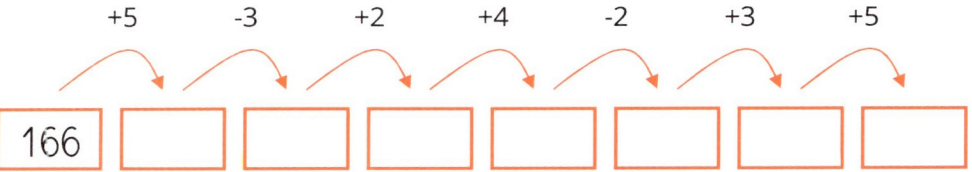

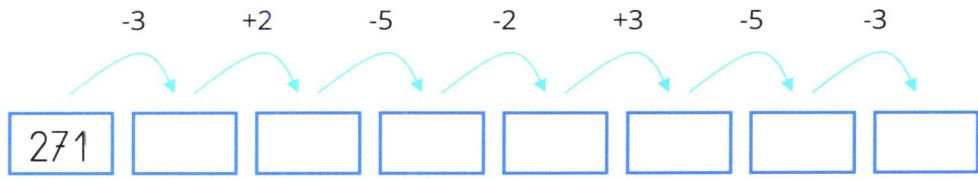

Calcula y completa.

63 + □ = 585
81 + □ = 453

29 + □ = 396
57 + □ = 271

Calcula.

□

+2

52

+2

□ -3 □ -3 50 +3 □ +3 □

-2

□

-2

□

Suma.

54 + 12 + 23 =   22 + 11 + 55 =

33 + 10 + 42 =   14 + 14 + 21 =

26 + 32 + 31 =   32 + 13 + 23 =

20 + 15 + 54 =   63 + 12 + 34 =

Suma.

```
  110        221        130        118
+ 127      + 149      + 174      + 132
 ____       ____       ____       ____


  146        174        253        163
+ 127      + 154      + 133      + 124
 ____       ____       ____       ____
```

Calcula y completa.

	25	6	14	5	31	17	20
+2	27						
+5							
+4							
+3							
+6							
+10							
+7							

Recuerda: Todos los números comprendidos entre **0** y 30 se escriben con una sola palabra.

quince +2 _____ +2 _____

catorce +3 _____ +3 _____

veinte +2 _____ +2 _____

Cálculo mental.

250 + 6 =

243 + 6 =

266 + 3 =

273 + 3 =

241 + 3 =

253 + 5 =

231 + 5 =

242 + 5 =

274 + 5 =

255 + 3 =

Calcula.

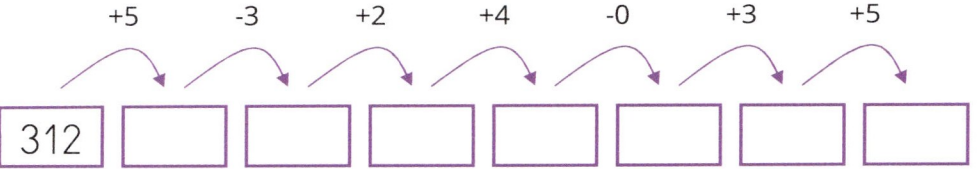

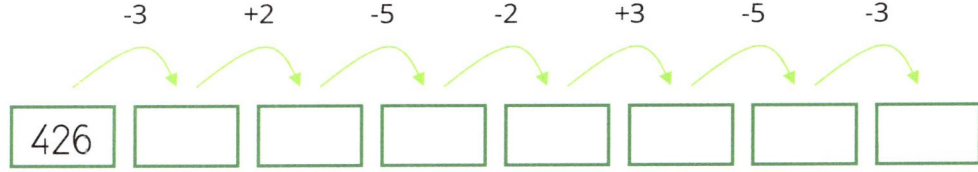

Calcula y completa.

38 + ☐ = 486

64 + ☐ = 328

37 + ☐ = 249

79 + ☐ = 155

Calcula.

				+2				
				□				
				+2				
□	-3	□	-3	64	+3	□	+3	□
				-2				
				□				
				-2				
				□				

Suma.

45 + 21 + 32 =

42 + 11 + 35 =

43 + 13 + 32 =

24 + 34 + 21 =

62 + 24 + 13 =

42 + 23 + 13 =

24 + 51 + 13 =

53 + 32 + 14 =

Suma.

```
  319        356        476        443
+ 245      + 181      + 235      + 364
-----      -----      -----      -----


  229        338        249        113
+ 142      + 468      + 274      + 189
-----      -----      -----      -----
```

Calcula y completa.

	11	9	28	13	26	12	35
+2	13						
+5							
+4							
+3							
+6							
+10							
+7							

Recuerda: Todos los números comprendidos entre **0** y 30 se escriben con una sola palabra.

diecisiete +2 _____ +2 _____

doce +3 _____ +3 _____

veinticinco +2 _____ +2 _____

Cálculo mental.

370 + 10 =

374 + 10 =

359 + 10 =

362 + 10 =

335 + 10 =

345 + 5 =

332 + 5 =

314 + 5 =

332 + 5 =

340 + 5 =

Calcula.

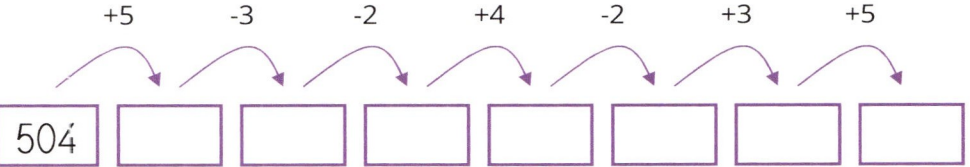

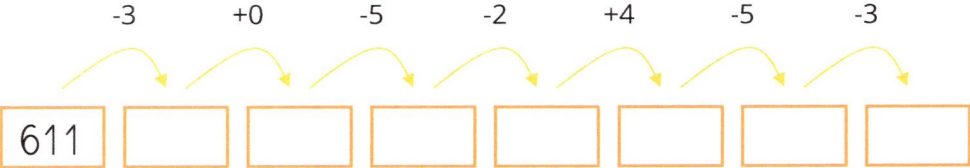

Calcula y completa.

$66 + \boxed{} = 352$

$94 + \boxed{} = 401$

$29 + \boxed{} = 267$

$18 + \boxed{} = 381$

Calcula.

□ −3 □ −3 **36** +3 □ +3 □

Vertical up from 36: +2 □, +2 □
Vertical down from 36: −2 □, −2 □

Suma.

64 + 12 + 23 =   52 + 11 + 25 =

73 + 10 + 12 =   64 + 24 + 21 =

46 + 32 + 21 =   72 + 13 + 13 =

50 + 35 + 14 =   53 + 22 + 14 =

Suma.

```
  183        567        355        242
+ 241      + 255      + 633      + 553
```

```
  637        545        484        398
+ 221      + 132      + 137      + 254
```

Calcula y completa.

	39	4	18	5	13	56	34
+2							
+5							
+4							
+3							
+6							
+10							
+7							

Recuerda: Todos los números comprendidos entre **0** y 30 se escriben con una sola palabra.

trece   +2   _____   +2   _____

dieciséis   +3   _____   +3   _____

doce   +2   _____   +2   _____

Cálculo mental.

427 + 10 =					463 + 5 =

465 + 10 =					449 + 5 =

445 + 10 =					422 + 5 =

427 + 10 =					461 + 5 =

433 + 10 =					494 + 5 =

Calcula.

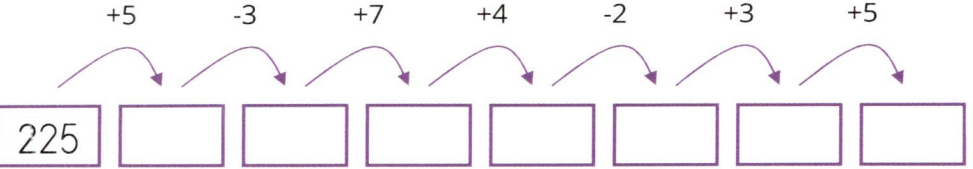

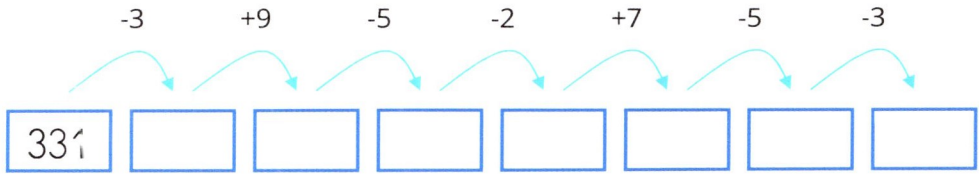

Calcula y completa.

$61 + \boxed{} = 220$

$37 + \boxed{} = 342$

$49 + \boxed{} = 463$

$53 + \boxed{} = 399$

Calcula.

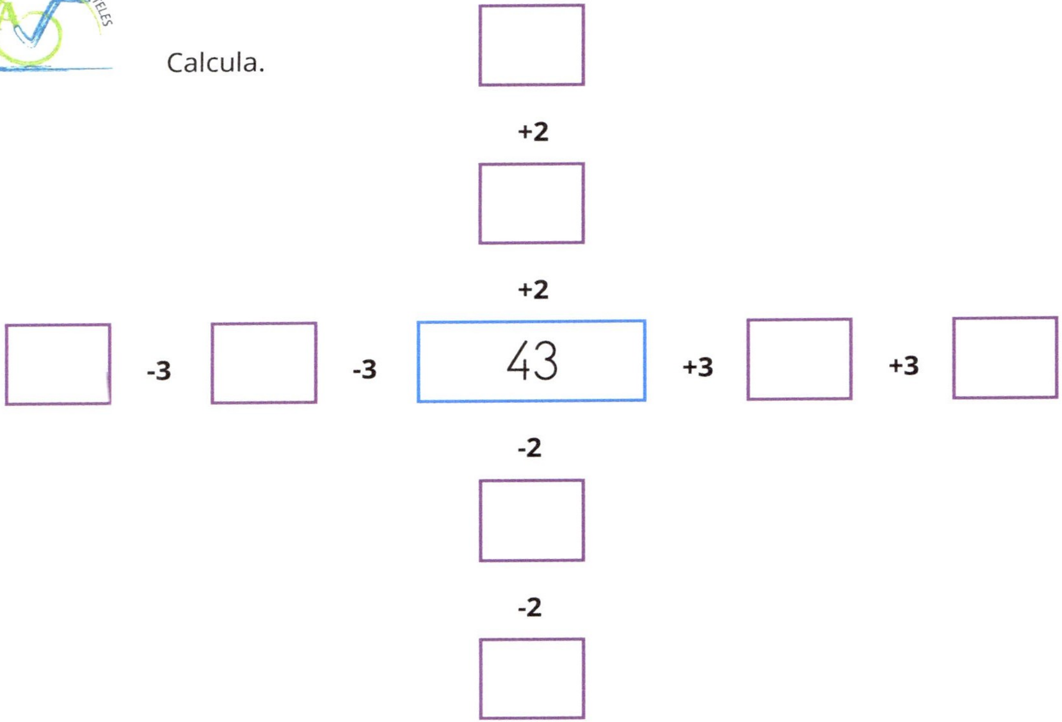

        +2
        +2

☐ -3 ☐ -3 **43** +3 ☐ +3 ☐

        -2
        -2

Suma.

154 + 212 + 523 =

222 + 311 + 255 =

333 + 210 + 442 =

314 + 514 + 121 =

426 + 232 + 231 =

432 + 213 + 223 =

320 + 215 + 154 =

363 + 212 + 134 =

Suma.

```
  532        441        233        228
+ 301      + 235      + 243      + 363


  415        628        232        567
+ 531      + 162      + 297      + 224
```

Calcula y completa.

	69	15	23	13	38	14	52
+2							
+5							
+4							
+3							
+6							
+10							
+7							

Recuerda: Todos los números comprendidos entre **0** y 30 se escriben con una sola palabra.

once +2 _____ +2 _____

trece +3 _____ +3 _____

diez +2 _____ +2 _____

Cálculo mental.

516 + 10 =

573 + 10 =

564 + 10 =

591 + 10 =

513 + 10 =

525 + 3 =

536 + 2 =

541 + 4 =

573 + 3 =

555 + 4 =

Calcula.

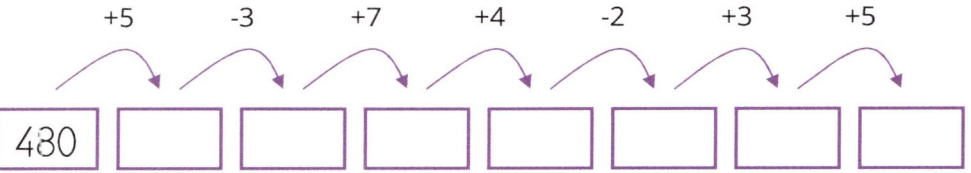

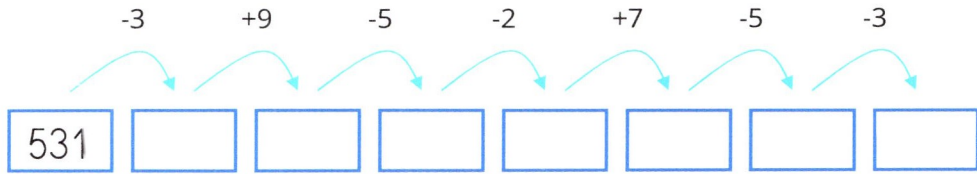

Calcula y completa.

$53 + \boxed{} = 427$

$77 + \boxed{} = 241$

$34 + \boxed{} = 584$

$96 + \boxed{} = 301$

Calcula.

Horizontal: ☐ -3 ☐ -3 **24** +3 ☐ +3 ☐

Vertical (up from 24): +2 → ☐, +2 → ☐
Vertical (down from 24): -2 → ☐, -2 → ☐

Suma.

545 + 121 + 232 =   242 + 511 + 135 =

343 + 213 + 432 =   324 + 434 + 121 =

162 + 424 + 313 =   242 + 223 + 313 =

324 + 251 + 413 =   453 + 132 + 114 =

Suma.

```
  482        288        332        581
+ 241      + 355      + 133      + 153
-----      -----      -----      -----

  696        450        330        171
+ 221      + 432      + 337      + 354
-----      -----      -----      -----
```

Calcula y completa.

	47	35	71	13	38	54	81
+10							
+15							
+4							
+8							
+6							
+12							
+7							

Recuerda: Todos los números comprendidos entre **0** y 30 se escriben con una sola palabra.

quince   +2 _____   +2 _____

catorce +3 _____   +3 _____

veinte   +2 _____   +2 _____

Cálculo mental.

250 + 10 =

243 + 10 =

266 + 10 =

273 + 10 =

241 + 10 =

225 + 5 =

236 + 5 =

243 + 5 =

273 + 5 =

255 + 5 =

Calcula.

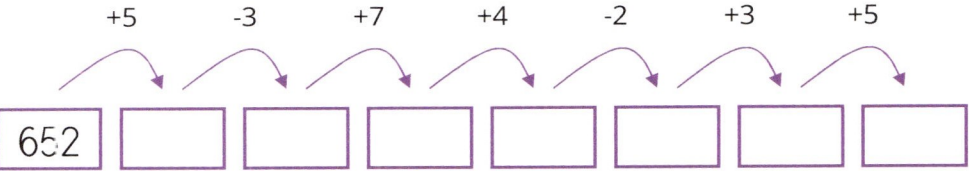

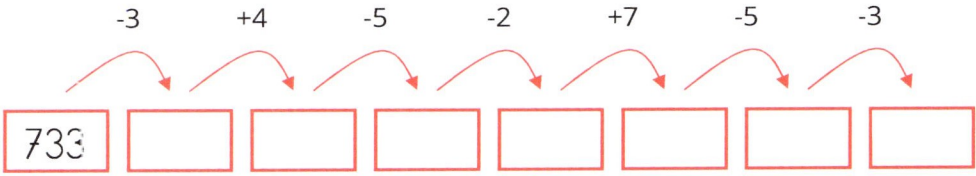

Calcula y completa.

56 + ☐ = 436

73 + ☐ = 381

48 + ☐ = 295

64 + ☐ = 530

Calcula.

□ −3 □ −3 **71** +3 □ +3 □

Vertical up from 71: +2 □, +2 □
Vertical down from 71: −2 □, −2 □

Suma.

464 + 112 + 323 =

152 + 511 + 225 =

673 + 110 + 112 =

364 + 224 + 321 =

246 + 232 + 321 =

272 + 513 + 113 =

450 + 335 + 114 =

553 + 122 + 114 =

Suma.

```
  419        356        576        243
+ 245      + 281      + 335      + 464
------     ------     ------     ------

  529        538        249        313
+ 442      + 368      + 374      + 589
------     ------     ------     ------
```

Calcula y completa.

	+18	+10	+27	+35	+14
22					
31					
45					
56					
64					
15					
73					
24					

Recuerda: Todos los números comprendidos entre **0** y **30** se escriben con una sola palabra.

trece   +2 _____   +2 _____

quince   +3 _____   +3 _____

doce   +2 _____   +2 _____

Cálculo mental.

350 + 6 =

343 + 6 =

366 + 3 =

373 + 3 =

341 + 3 =

253 + 5 =

231 + 5 =

242 + 5 =

274 + 5 =

255 + 3 =

Calcula.

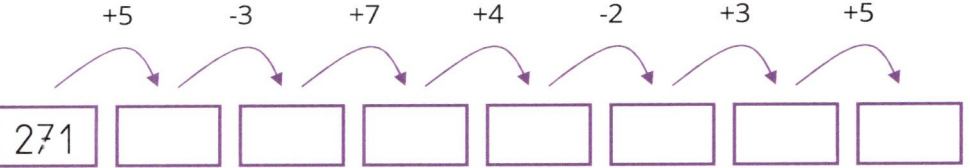

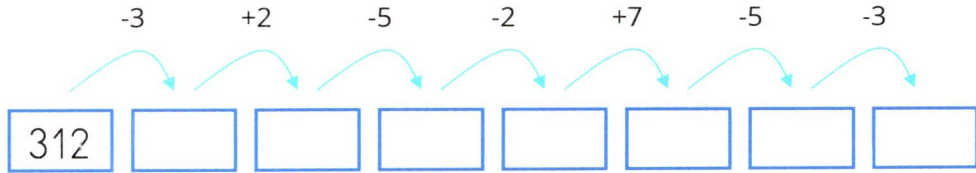

Calcula y completa.

48 + ☐ = 397
59 + ☐ = 451

34 + ☐ = 309
67 + ☐ = 446

Calcula.

Horizontal: ☐ -3 ☐ -3 **71** +3 ☐ +3 ☐

Vertical (desde 71): +2 ☐, +2 ☐ (arriba); -2 ☐, -2 ☐ (abajo)

Suma.

753 + 111 + 125 =			525 + 213 + 151 =

530 + 216 + 143 =			410 + 316 + 123 =

224 + 432 + 233 =			235 + 312 + 422 =

325 + 212 + 152 =			364 + 313 + 332 =

Suma.

```
  574        423        337        144
+ 234      + 146      + 258      + 493
```

```
  361        286        354        481
+ 377      + 532      + 282      + 245
```

Calcula y completa.

	+43	+10	+68	+26	+34
25					
33					
42					
51					
64					
17					
76					
29					

Recuerda: Todos los números comprendidos entre **0** y 30 se escriben con una sola palabra.

veinte +2 _____ +2 _____

catorce +3 _____ +3 _____

trece +2 _____ +2 _____

Cálculo mental.

470 + 10 =

474 + 10 =

459 + 10 =

462 + 10 =

435 + 10 =

545 + 5 =

532 + 5 =

514 + 5 =

532 + 5 =

540 + 5 =

Calcula.

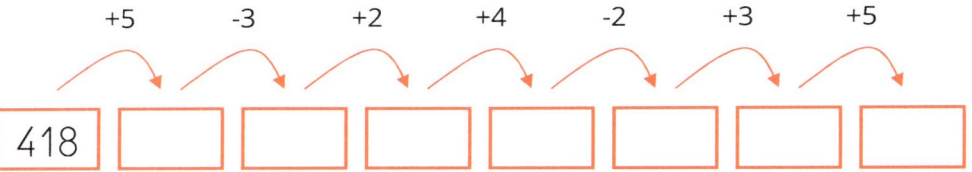

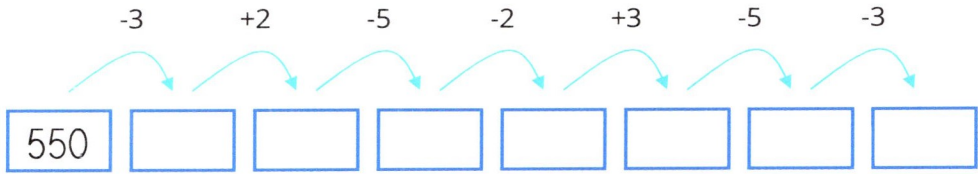

Calcula y completa.

57 + ☐ = 471
49 + ☐ = 394

83 + ☐ = 447
74 + ☐ = 360

Calcula.

Horizontal: ☐ -3 ☐ -3 **58** +3 ☐ +3 ☐

Vertical (arriba): ☐ +2 ☐ +2 **58**

Vertical (abajo): **58** -2 ☐ -2 ☐

Suma.

224 + 152 + 513 =

443 + 320 + 112 =

236 + 332 + 331 =

300 + 465 + 234 =

282 + 301 + 215 =

344 + 554 + 101 =

432 + 243 + 223 =

353 + 232 + 114 =

Suma.

```
  523      287      442      359
+ 245    + 481    + 235    + 264
-----    -----    -----    -----


  336      552      373      493
+ 442    + 168    + 174    + 489
-----    -----    -----    -----
```

Calcula y completa.

	+58	+30	+27	+75	+44
17					
39					
42					
50					
62					
19					
75					
26					

Recuerda: Todos los números comprendidos entre **31** y 99 se escriben con tres palabras, excepto las decenas completas.

Escribe el número anterior y posterior.

treinta y cinco | 36 |
_____ | 47 | _____
_____ | 52 | _____
_____ | 73 | _____

Cálculo mental.

327 + 10 =

365 + 10 =

345 + 10 =

327 + 10 =

333 + 10 =

263 + 5 =

249 + 5 =

222 + 5 =

261 + 5 =

294 + 5 =

Calcula.

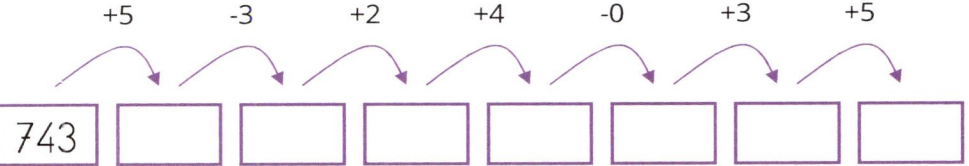

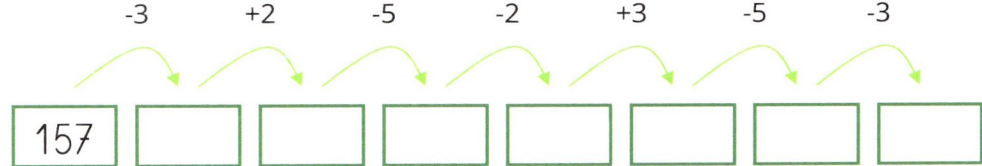

Calcula y completa.

56 + ☐ = 355
22 + ☐ = 463

78 + ☐ = 274
14 + ☐ = 109

www.ingramcontent.com/pod-product-compliance
Lightning Source LLC
Chambersburg PA
CBHW040810200526
45159CB00022B/140